U0340751

■ 优秀技术工人
百工百法丛书

曹彦生
工作法

航天结构件
数控铣削
加工工艺

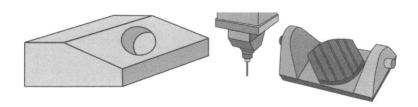

中华全国总工会 组织编写

曹彦生 著

🄲 中国工人出版社

技术工人队伍是支撑中国制造、中国创造的重要力量。我国工人阶级和广大劳动群众要大力弘扬劳模精神、劳动精神、工匠精神，适应当今世界科技革命和产业变革的需要，勤学苦练、深入钻研，勇于创新、敢为人先，不断提高技术技能水平，为推动高质量发展、实施制造强国战略、全面建设社会主义现代化国家贡献智慧和力量。

——习近平致首届大国工匠
创新交流大会的贺信

优秀技术工人百工百法丛书
国防邮电卷
编委会

序

    党的二十大擘画了全面建设社会主义现代化国家、全面推进中华民族伟大复兴的宏伟蓝图。要把宏伟蓝图变成美好现实，根本上要靠包括工人阶级在内的全体人民的劳动、创造、奉献，高质量发展更离不开一支高素质的技术工人队伍。

    党中央高度重视弘扬工匠精神和培养大国工匠。习近平总书记专门致信祝贺首届大国工匠创新交流大会，特别强调"技术工人队伍是支撑中国制造、中国创造的重要力量"，要求工人阶级和广大劳动群众要"适应当今世界科技革命和产业变革的需要，勤学苦练、深入钻研，勇于创新、敢为人先，不断提高技术技能水平"。这些亲切关怀和殷殷厚望，激励鼓舞着亿万职工群众弘扬劳模精神、劳动精神、工匠精神，奋进新征程、建功新时代。

近年来，全国各级工会认真学习贯彻习近平总书记关于工人阶级和工会工作的重要论述，特别是关于产业工人队伍建设改革的重要指示和致首届大国工匠创新交流大会贺信的精神，进一步加大工匠技能人才的培养选树力度，叫响做实大国工匠品牌，不断提高广大职工的技术技能水平。以大国工匠为代表的一大批杰出技术工人，聚焦重大战略、重大工程、重大项目、重点产业，通过生产实践和技术创新活动，总结出先进的技能技法，产生了巨大的经济效益和社会效益。

深化群众性技术创新活动，开展先进操作

法总结、命名和推广，是《新时期产业工人队伍建设改革方案》的主要举措。为落实全国总工会党组书记处的指示和要求，中国工人出版社和各全国产业工会、地方工会合作，精心推出"优秀技术工人百工百法丛书"，在全国范围内总结100种以工匠命名的解决生产一线现场问题的先进工作法，同时运用现代信息技术手段，同步生产视频课程、线上题库、工匠专区、元宇宙工匠创新工作室等数字知识产品。这是尊重技术工人首创精神的重要体现，是工会提高职工技能素质和创新能力的有力做法，必将带动各级工会先进操作法总结、命名和推广工作形成热潮。

此次入选"优秀技术工人百工百法丛书"作者群体的工匠人才，都是全国各行各业的杰出技术工人代表。他们总结自己的技能、技法和创新方法，著书立说、宣传推广，能让更多人看到技术工人创造的经济社会价值,带动更多产业工人积极提高自身技术技能水平,更好地助力高质量发展。中小微企业对工匠人才的孵化培育能力要弱于大型企业,对技术技能的渴求更为迫切。优秀技术工人工作法的出版,以及相关数字衍生知识服务产品的推广,将对中小微企业的技术进步与快速发展起到推动作用。

当前,产业转型正日趋加快,广大职工对于技术技能水平提升的需求日益迫切。为职工群众创造更多学习最新技术技能的机会和条件,传播普及高效解决生产一线现场问题的工法、技法和创新方法,充分发挥工匠人才的"传帮带"作用,工会组织责无旁贷。希望各地工会能够总结、命名和推广更多大国工匠和优秀技术工人的先进工作法,培养更多适应经济结构优化和产业转型升级需求的高技能人才,为加

快建设一支知识型、技术型、创新型劳动者大
军发挥重要作用。

中华全国总工会兼职副主席、大国工匠

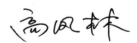

作者简介
About The
Author

曹彦生

　　1984 年出生，博士研究生，中国航天科工二院高级工程师，高级技师，兼任工会副主席。参加工作以来，掌握了国内外十余种数控操作系统，是全国知名的数控加工专家，担任中华人民共和国第二届职业技能大赛赛项裁判长，并兼任多项国家大赛专家组组长，享受国务院政府特殊津贴。曾获"全国五一劳动奖章""全国技术能手""航空航天月桂奖"等荣誉。2019年获第七季"大国工匠"称号，2022年作为唯一的技术工人代表参加全国总工会"产业工人队伍建设改革五周年"发布会。

曹彦生攻克多项复杂产品零部件加工难题，凭借扎实的技术功底实现舵面对称度0.02毫米的超高加工精度，被称为"导弹翅膀"的雕刻师；获授权专利十余项，他发明的"圆弧面加工法""对刀装置"等绝技，为企业节省上千万元成本；他提出的多项加工理念，使铝基碳化硅等新材料加工瓶颈问题迎刃而解。他在先进制造领域不断前行，勇于追求最尖端技术，为国防装备制造作出了突出贡献。

理论源于实践，实践检验理论。
唯有知行合一，方能笃行致远。

曹彦生

目　　录
Contents

引　　　言
Introduction

航天技术的飞速发展对航天结构件的加工质量和效率提出了更高的要求。数控铣削加工在航天结构件制造中应用广泛，涉及众多复杂且精细的加工任务，是决定结构件加工质量和效率的重要环节。

在数控铣削加工过程中，由于航天结构件具有材料特殊、形状复杂、精度要求高等特点，所以需要充分考虑工艺路线、材料性能、切削力以及工件装夹等因素对加工精度和表面质量的影响，从而合理地安排加工工艺、选择切削参数。优化切削速度、进给量、切削深度等参数，可以有效提高加工效率、降低切削力、减少切削变形、保证加工质量。同时，针对不同的材料和加工要求，选择合适的刀具也是保证加工质量和效率的关键。

在实际操作中，需要结合具体的加工设备，灵活应用各种加工技巧，从而达到最佳的加工效果。随着五轴机床和数控技术的不断发展与创新，新的铣削加工技巧不断涌现，但五轴加工水平参差不齐，因此，及时总结并掌握航天结构件的数控铣削加工工艺与诀窍，对提高操作人员的技能水平、实现航天结构件加工的降本增效、提升航天制造能力具有重要的现实意义，进而能够为建设航天强国提供有力的支持。

第一讲

五轴数控加工

由于航天结构件结构复杂，其数控铣削加工所用设备一般为五轴加工机床。五轴数控加工作为一种高级的数控机床加工模式，它的特点在于能够同时控制五个坐标轴的运动，以实现复杂形状零件的加工。本讲将介绍五轴加工机床及其数控系统、五轴数控加工模式等必备知识。

一、五轴加工机床概述

数控机床具有三个直线轴 X、Y、Z 以及分别绕直线轴旋转的三个旋转轴 A、B、C，五轴是由三个直线轴和任意两个旋转轴组成的，如图 1 所示。

1. 五轴加工机床的类型

按照不同的旋转轴组合形成的设备结构类型分类，五轴加工机床主要有双转台、双摆头、摆头＋转台式三大类型。

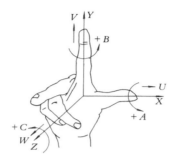

图 1   笛卡儿坐标系下的直线轴和旋转轴

（1）双转台结构

这种将两个旋转轴都设置在工作台一侧的机床结构被称为双转台结构，如图 2、图 3 所示。

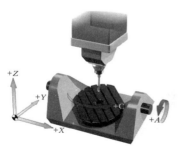

图 2   双转台结构

图 3   双转台机床

其优点是主轴结构比较简单，主轴刚性非常好，制造成本比较低。C 轴回转台可无限制旋转。但由于工作台为主要回转部件，一般不能设计得太大，承重也较小，特别是当 A 轴回转角度接近90°时，工件切削时会给工作台带来很大的承载力矩。

（2）双摆头结构

将两个旋转轴都设置在主轴头一侧的机床结构被称为双摆头结构，如图4、图5所示。一般为大型龙门设备所采用的结构形式。这种结构形式的优点是主轴加工非常灵活，工作台也可以设

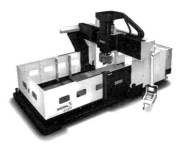

图 4　双摆头结构　　　　图 5　双摆头机床

计得非常大，适用于加工船舶推进器、飞机机身模具、汽车覆盖件模具、航空航天承力结构件等复杂零部件。但主轴的刚性和承载能力相对较低，不利于重载切削。

（3）摆头＋转台式结构

将两个旋转轴中的一个设置在主轴头一侧，另一个设置在工作台一侧，这种机床结构被称为摆头＋转台式结构，如图6、图7所示。这种结构形式的优点是旋转轴的结构布局较为灵活，占用空间小，其结合了双摆头结构和双转台结构的优点，加工灵活性和承载能力均有所提高。

图6　摆头＋转台式结构　　图7　摆头＋转台式机床

2. 五轴加工机床的加工优势

采用五轴机床进行数控加工，具有如下优势：

（1）减少工件装夹，提高加工精度

五轴数控加工的工序集成化不仅提高了工艺的有效性，而且由于零件在整个加工过程中只需一次装夹，加工精度更容易得到保证。

（2）提高产品加工质量及效率

由于刀具或工件的姿态角可调，除了可以避免刀具干涉、欠切和过切现象的发生，更由于可以使用较好的刀具切削部位，从而获得更好的切削速度、切削宽度及粗糙度，使切削质量和效率得以改善。

（3）缩短新产品研发周期

五轴加工中心具备高柔性、高精度、高集成性的特点，可以很好地解决新产品研发过程中复杂零件加工的精度和周期问题，大大缩短研发周期和提高新产品的成功率。

二、五轴加工机床常用的数控系统

五轴加工机床是典型的多轴联动数控机床。目前，市场上广泛应用于多轴联动数控机床的数控系统主要有以下 4 种。

1.HEIDENHAIN iTNC530 数控系统

德国海德汉（HEIDENHAIN）公司在机床数控系统产品研发方面处于世界领先地位，其研发的 iTNC530 数控系统就是其代表性产品之一。该系统具备高速高精加工能力，通过全数字设计、较短的程序段处理时间及控制回路周期、程序段预读功能以及多种过滤器设置，确保加工过程的精确性，系统配备实时 3D 插补、刀具中心点管理、倾斜面和圆柱面加工功能，集成的 AFC 自适应进给控制，可有效减少加工时间、降低机床故障率等。该数控系统具备 DXF 文件导入直接生成加工程序的功能，使 CAD/CAM 与数控加工无缝集成。该数控系统界面设计友好，如图 8 所示，编程中采用对话式编程，无须记忆代码。

图 8 HEIDENHAIN iTNC530 数控系统操作界面

2.SINUMERIK 840D sl 数控系统

西门子数控系统是德国西门子公司的产品，以其优质稳定的性能在业界一直拥有良好的口碑。SINUMERIK 840D sl 是西门子公司推出的高性能数控系统。该系统具有高度开放的 HMI 和 NCK 能满足不同客户的个性化需求，最多可以配置31个轴，可与 ShopMill 或 ShopTurn 完美组合，如图9所示。无论是铣削、车削还是通用型应用，其实用的工件和刀具测量功能、人性化的刀具管理、高度可靠的 3D 程序模拟、简明的刀具图形显示等功能极大地简化了机床设置过程，显著缩短了加工准备时间，提高了生产和流程效率。

图 9　SINUMERIK 840D sl 数控系统操作界面

3.FANUC 31i 数控系统

日本 FANUC 公司自 20 世纪 50 年代末研究数控系统以来，已开发出四十多个系列的数控系统，具有高质量、高性能、全功能，适用于各种机床和生产机械的特点，市场占有率较高。FANUC 31i 数控系统操作界面如图 10 所示。

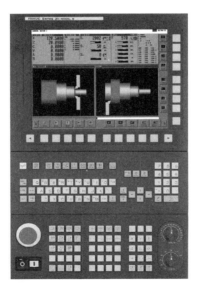

图 10　FANUC 31i 数控系统操作界面

FANUC 31i 数控系统是先进、复合、多轴、多通道的高端数控系统。系统提供了大量丰富的 PMC 信号和 PMC 功能指令，这些信号与指令不仅可以便于用户编制机床侧 PMC 控制程序，而且可以增加编程的灵活性。该系统具有丰富的五轴加工功能，包括 RTCP 功能、刀具三维半径补偿功能、倾斜面加工功能、五轴手工进刀功能；还具有丰富的高精、高速加工功能，包括纳米插补、AI 纳米轮廓控制、加速度控制、纳米平滑等。

4. 华中数控系统

武汉华中数控股份有限公司创立于 1994 年，被列入首批自主创新产品目录。该公司研制的华中 8 型系列高档数控系统新产品，得到了高档数控重大专项的支持。华中 8 型（HNC–848）高性能数控系统操作界面如图 11 所示，采用双 CPU 模块的上下位机结构和模块化、开放式体系结构，基于具有自主知识产权的 NCUC 工业现场总线技术，支持多轴多通道、多轴加工及车铣复合加工，支持龙门轴同步、动态轴释放／捕获、通道间同步等功能，具有简化编程、镜像、缩放、旋转、直接图纸尺寸编程等功能，内置各种加工工艺循环功能。

图 11　华中 8 型（HNC-848）操作界面

三、五轴数控加工模式

五轴数控加工模式一般可分为五轴定向加工和五轴联动加工两种模式。

1. 五轴定向加工模式

五轴定向加工模式，一般称为"3+2"定向加工，即五轴数控机床的部分进给轴（主要是旋转轴）在加工动作实施过程中，仅起到刀具轴空间姿态或工件空间位置的方向改变作用，且固定不做进给运动；同时，另一部分进给轴实施进给动作，从而保证切削运动的有效实施。五轴定向加工是刀具轴垂直于被加工对象表面的一种特殊的三轴加工方法，如图 12、图 13 所示。

五轴定向编程的基础是三轴编程，三轴编程只限于 XY、XZ 和 YZ 平面编程，而五轴定位编程可以在任意平面上进行编程，通过两个旋转轴的定向功能，使机床主轴与被加工工件呈固定的空间角度，对工件上的某一区域进行三轴加工。这

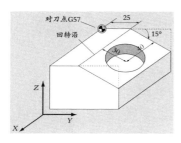

图 12　定向加工转换示意

图 13　"3+2"轴加工零件

种编程方式比较简单，使用三轴加工策略即可完成。采用 4 种不同数控系统来实现相同目的指令，示例如下：

（1）FANUC 31i 空间坐标系转换指令

G68 Xp x1 Yp y1 Zp z1 I i1 J j1 K k1 R α ；

开始空间坐标变换；

……

G69；

取消空间坐标变换。

（2）HEIDENHAIN iTNC530 空间坐标系转换指令

10 L Z+250 R0 FMAX；

定位在安全高度处；

11 PLANE SPATIAL SPA+0 SPB+45 SPC+0 STAY；

启动 PLANE 功能；

12 L A+Q120 C+Q122 F2000;

用 TNC 计算的值定位旋转轴；

……

（3）INUMERIK 840D sl 空间坐标系转换指令

N28　CYCLE800(1,"",1,57,0,0,0,0,0,0,40,30,0,1)

N30 T="MILL_10mm "

N32 M6

N34 M3 S5000

N36　POCKET4(50,0,1,-15,20,0,0,4,0.5,0.5,1000,1000,0,11,,,,,)；

N38　POCKET4(50,0,1,-15,20,0,0,4,0,0,1000,

1000,0,12,,,,,)

N40 ......

（4）华中 8 型（HNC-848）空间坐标系转换指令

M128

G43.4 Hxx

G68.1 Qxx

......

G49

M129

掌握数控系统的空间坐标系转换指令用法，不仅可简化五轴定向加工的编程，还有利于定向特征的五轴加工。

2. 五轴联动加工模式

五轴联动加工模式即机床的五个轴根据程序同时实现插补运动。在五轴联动加工中，数控系统控制点往往与刀尖点不重合，如图 14 所示。因此，数控系统要自动修正控制点，以保证刀尖点按指令既定轨迹运动，一般称为 RTCP（Rotation Tool Centre Point）功能。利用 RTCP 功能对机床的运动精度和数控编程进行简化，如图 15 所示。为了保持住这个位置，转动坐标的每一个运动都会被 *XYZ* 直线位移补偿。通过五个坐标轴的联动，保证采用刀具刃部切削速度最理想的位置进行切削，避免刀具制造误差和刀尖点切削对零件尺寸和表面质量产生的影响，有效提高加工精度和加工效率，常见数控系统激活 RTCP 功能指令如表 1 所示。

图 14 不带 RTCP 机床运动轨迹　　图 15 带 RTCP 机床运动轨迹

表 1 系统激活 RTCP 功能指令

序号	数控系统	启动 RTCP 指令	取消 RTCP 指令
1	HEIDENHAIN iTNC530	M128	M129
2	SINUMERIK 840D sl	TRAORI	TRAFOOF
3	FANUC 31i	G43.4	G49
4	华中 8 型（HNC-848）	M128	M129

五轴联动加工常用于复杂曲面的加工，如图 16 所示。五轴联动编程中对于刀具轴的控制可用与机床回转轴相关的两个角度定义，也可以用相对于工件坐标系（WCS）的姿态矢量来定义，如图 17 所示。前者能比较直观地看出回转轴的角度值，后者用户不必考虑五轴机床的具体类型和结构，相同的工件程序可以在不同类型的五轴机床上加工，所有与机床结构相关的坐标处理完全由五轴数控系统自动完成，由 CAM 系统生成的矢量坐标（X、Y、Z、I、J、K）只确定与零件几何形状有关系的刀具运动方向。因此，应用矢量

编程，执行一个零件的程序时，通常由后处理器执行复杂的数学问题，现在可以在数控系统中进行处理，从而减少编程软件对应的各种数控系统后置处理程序的大量开发工作。

图 16　五轴联动加工零件

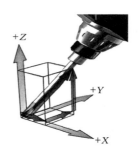

图 17　矢量编程定义

角度编程程序格式：

G1 X31.737 Y21.954 Z33.165 A20 C40 F1000

矢量编程程序格式：

LN X+31.737 Y+21.954 Z+33.165 NX+0.3 NY+0 NZ+0.9539 F1000（HEIDENHAIN）

G1 X31.737 Y21.954 Z33.165 A3=0.3 B3=0

C3=0.9539 F1000（Siemens）

G1 X31.737 Y21.954 Z33.165 I0.3 J0 K0.9539 F1000（FANUC）

3. 展望

五轴数控加工技术正朝着高速、高精、复合、柔性和多功能方向发展，我国五轴数控加工技术研究起步较晚，与发达国家的技术水平还有一定的差距。目前，一方面，五轴数控加工中心的关键部件如五轴头、数控系统、电动机，国内企业多采用进口，价格高，成本居高不下；另一方面，国产数控系统功能及稳定性与国外还有差距。为此，只有自力更生实现自主研发突破关键技术，坚持走技术发展的道路，才能提高我国五轴加工技术应用水平。

第二讲

五轴数控铣削加工刀具

工欲善其事，必先利其器。如何将五轴机床的高速、高效、高精度发挥到极致，需要有一把利器，刀具就是这把利器。本讲主要介绍五轴数控铣削加工工艺中的常用刀具，并介绍如何根据工件材质、加工轮廓类型、系统刚性、允许的切削用量以及刀具耐用度等因素，对刀具材料、类型及切削参数做出合理的选择。通过学习这些知识，达到合理选择数控铣削刀具及切削参数、充分发挥数控设备性能、全面保证加工质量和提高加工效率的目的。

一、数控铣削加工常用刀具

铣削加工是一种通过刀具转动对金属进行切削的加工方法。铣削加工属于金属冷加工，在机械加工中，铣削加工占相当大的比重。例如，在汽车发动机生产中，关键位置都是通过铣削加工实现的；在模具制造中，主要的一些型腔模芯都是通过铣削来完成的；在航空航天、船舶制造中，铣削加工的应用也非常广泛，如图18所示就为常见的铣削加工。

图 18　铣削加工

1. 铣削过程

铣削加工采用断续切削加工的方式，主要包括4个阶段：非切削阶段、切削阶段、切入阶段和切出阶段。铣削加工的4个阶段如图19所示。

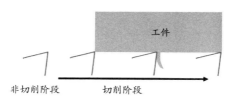

（a）非切削阶段和切削阶段

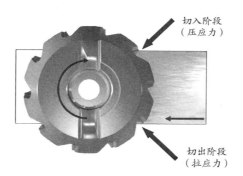

（b）切入阶段和切出阶段

图 19 铣削加工的 4 个阶段

2. 常见的铣削加工方式及刀具

铣削最常用于加工平面、台阶面和槽。下文介绍目前常用的铣削加工方法，以及相应的刀具形式。

（1）面铣

面铣是最常见的铣削工序，可使用多种不同的刀具来执行，如图20所示。

（a）45°主偏角铣刀　　　　　（b）面铣示意图

图20　面铣

最常用的面铣刀是45°主偏角铣刀。当然，在不同的工艺情况下会有不同的主偏角刀具。此外，不同的轮廓加工情况下，也有很多种刀具可实现面铣，如方肩铣刀、立铣刀等。在加工过程中，需要结合实际的工艺特点选择适合的应用刀具。

不同的主偏角刀片的特点不尽相同，应根据

实际情况，选取合适的刀具角度。不同刀片角度的加工特点详见表 2。

表 2　不同刀片角度的加工特点

刀片角度	优点	缺点
25°~65° 主偏角（常用 45°）	1. 可实现较大的进给量 2. 刀片的使用寿命长	中等切深
90° 主偏角	1. 可用于多种工序的通用铣刀 2. 切削轴向力较小 3. 切削深度相对于刀片刃长可实现较大的利用率（切深较大）	1. 刀片的使用寿命相对较短 2. 生产率较低
10° 主偏角	1. 生产率高 2. 能实现极高的进给速度 3. 切削力多为轴向	切深较小

（2）方肩铣

方肩铣为典型、常用的铣削加工方法，因其刀具主偏角为 90°，故可实现圆周铣削和面铣削加工，是形状轮廓以及平面轮廓常用的铣削方法。方肩铣如图 21 所示。

图 21　方肩铣

（3）槽铣

槽有直槽、圆弧槽等。除立铣刀铣削外，最普遍的槽铣方法是使用三面刃铣刀进行铣削，可根据槽的类型选用特定的刀具，如图 22 所示。

图 22　槽铣

（4）倒角铣

倒角铣属于成型类铣削加工应用方式。倒角是零件中最常见的成型轮廓体现，主要有孔口倒角、轮廓周边倒角等。倒角铣如图23所示。

图23　倒角铣

根据不同的工艺，倒角铣的应用方式有很多种，如正倒角、背向倒角，特定轮廓角度倒角等。

（5）仿形铣

仿形铣，是一种常见的针对非平面轮廓的铣削工艺，也是通过各种仿形类加工刀具进行不规则二维、三维形状轮廓的随形拟合的加工方式。

主要刀具类型有圆刀片铣刀、大圆角铣刀，主要应用在粗加工和半精加工方面；另一种常见的仿形类刀具是球头立铣刀，主要应用在精加工方面。仿形铣如图 24 所示。

（a）圆刀片铣刀　　　　（b）球头立铣刀　　　　（c）仿形铣示意图

图 24　仿形铣

（6）高进给铣

高进给铣是一种高效的加工工艺方法，由于其刀具角度特点，加工中切屑较薄，可实现每齿进给量在 0.8~4mm/z，虽然切深较小，但凭借高速的进给，同样可以实现较高的材料去除率。高进给铣如图 25 所示。

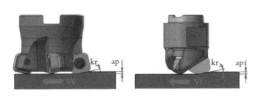

图 25　高进给铣

（7）插铣

插铣是刀具轴向铣削方法，也是一种高切除率的铣削方法，多用于大悬伸和机床刚性较弱的场合。插铣加工方法一般以采用中等切削速度为宜，也是一种加工像耐热合金这类难加工材料的好工艺、好方法，可有效提高生产率。插铣如图 26 所示。

图 26　插铣

在加工工艺方面，插铣刀主要用于粗加工或

半精加工，刀具加工沿边缘递进切削，可适用于铣削复杂几何形状。

二、切削参数的表示及计算方法

1. 切削参数的表示

数控编程时，编程人员必须确定每道工序的切削用量，并以指令的形式写入程序中。切削用量包括主轴转速、背吃刀量和进给速度等，其含义及常见表示如下：

（1）主轴转速、切削速度、铣刀直径、切削深度和切削宽度，见图 27

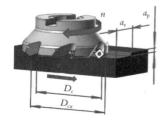

n——主轴转速，r/min
v_c——切削速度，m/min
D_c——铣刀直径，mm
D_{cx}——最大切削直径，mm
a_p——切削深度／径向切削深度，mm
a_e——切削宽度／轴向切削深度，mm

图 27　主轴转速、切削速度、铣刀直径、切削深度、切削宽度

切削速度公式为：$v_c = n \times \pi \times D_c / 1000$

式中　v_c——切削速度，m/min；

　　　n——主轴转速，r/min；

　　　D_c——铣刀直径，mm。

（2）进给、齿数和主轴转速，见图28。

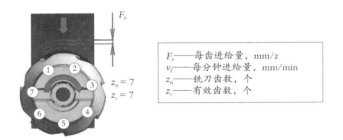

F_z——每齿进给量，mm/z
v_f——每分钟进给量，mm/min
z_n——铣刀齿数，个
z_c——有效齿数，个

图28　进给、齿数和主轴转速

以每分钟进给量为例，进给量的计算结合刀具转速、刀具齿数以及合理选定的刀具每齿进给量得出：

$$v_f = F_z \times z \times n$$

式中　v_f——每分钟进给量，mm/min；

F_z ——每齿进给量，mm/z；

z ——刀具齿数，个；

n ——刀具转速，rpm。

2. 实例计算

如图 29 所示为台阶零件示意图，粗铣加工台阶面，工件材料为 45 钢，选用合适刀具加工并计算相关切削参数。

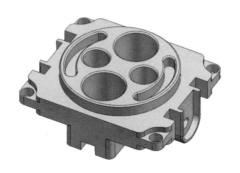

图 29　台阶零件示意图

（1）刀具选择（以山高刀具为例）

结合工件形状（垂直侧壁台阶面），选择刀

盘（刀体）类刀具，根据铣削宽度尺寸，选择刀盘直径 D_c=50mm。如图 30 所示，刀具直径为 Φ50mm，配备主偏角为 90° 的端面立铣刀片进行铣削加工，并根据所选刀具手册刀具型号为 R220.69-0050-12-7ANv。

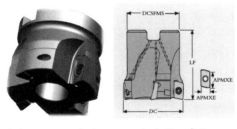

（a）立铣刀示意图　　（b）铣刀参数

图 30　端面立铣刀

从厂商刀具手册中通过加工参数为 50mm 的铣刀配置刀片，刀片型号为 XOMX120408TR-ME08 F40M。

例如，通过参数表选定刀片材质为 F40M，刀尖圆角为 R0.8，根据具体加工情况，我们可以选择具体的切削深度以及推荐的每齿进给量等数值。

上述参数确定后，我们再进行切削参数的计算。本刀片材质为 F40M，根据刀具手册针对刀具在不同切削条件下选择相应推荐的切削参数，我们可以根据实际情况进行调整。

（2）加工参数的计算

首先，我们进行转速的计算。工件材料为 45 钢，刀片选择 P 类加工刀片，选定切削参数 v_c=220m/min，由此可以计算出实际的主轴转速，再根据主轴转速进行进给量计算。

①主轴转速计算

$n=v_c/(\pi \times D_c/1000)$

$n=(1000 \times 220)/(3.14 \times 50)=1401r/min$

②进给量计算

$v_f=F_z \times z \times n$

$v_f=0.15 \times 7 \times 1401=1471mm/min$

式中，7 为铣刀齿数。

第三讲

盘类零件高效铣削加工方法与诀窍

一、盘类零件高效铣削概述

盘类零件是机械加工中的典型零件，在机器设备中通常起支撑和导向作用，要求具有较高的尺寸精度、形状精度和表面光洁度。本讲以航天产品中的难加工材料零件为例，介绍基于 NX 软件实现上述过程的一般性步骤，提出针对难加工材料的高效加工路径规划方法。

二、盘类零件高效铣削案例

1. 案例描述

零件材料为铸造钛合金，如图 31 所示，强度高、硬度大、冲击韧性大，加工硬化非常严重，故切削时刀具磨损也非常严重，导致刀具寿命低；切削过程中的切削温度非常高，加工时产生的应力易造成工件较大的变形，影响零件的加工精度；要求加工设备的功率大，且加工刀具应具有较高的强度和硬度。

图 31   零件三维模型

2. 案例分析

（1）由零件三维模型可知，此零件内腔为中空结构，零件壁厚较薄，上下两端面及中间孔有较高的精度要求，加工时平面度及表面粗糙度需重点控制。

（2）零件毛坯属于铸造内腔中空结构，为满足零件整体加工精度要求，首先应粗加工出零件上下两个基准面及中间基准孔，确保轮廓加工余量均匀，再根据基准面及孔粗加工零件整体轮廓；轮廓加工工序完成后，再加工基准孔及两端面到位、精加工轮廓到位；加工过程中，注意对内腔中空区域做辅助支撑，控制走刀进给的切削参数，以保证零件平面度及表面粗糙度精度要求。

3. 案例实施

（1）零件加工工艺路线的制定

零件铸造余量为单边 4mm，零件的加工工艺路线如表 3 所示。

表 3　零件加工工艺路线

工序	加工内容	刀具
1	粗车基准孔及两端面	80°、55° 车刀
2	粗铣零件四周	Φ20R0.8 圆鼻铣刀
3	精车孔及两端面至尺寸	80°、55° 车刀
4	精铣零件四周至尺寸	Φ20R0.8 铣刀、R5 球刀

根据拟定加工路线，在零件的设计模型基础上，生成两道铣工序的加工工序模型，如图 32 所示。

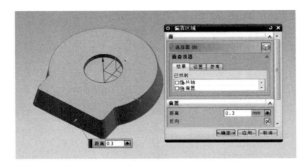

图 32　加工工序模型

（2）基于 NX 的高效加工路径规划

钛合金材料的特性决定了加工时的切削速度不宜过高，以避免切削温度升高过快；切削曲面时，尽量避开球刀的中心部位，避免刀尖挤压钛合金形成表面硬质层；加工钛合金时，刀具的磨损主要在切削层接合处，如果能用不同的切削深度，使工件材料表面接触到刀刃上的不同部位，就能分散刀刃磨损的区域，延长刀具的寿命。因此，在编程时要充分考虑零件的加工特点（本文以 NX 为例进行铣削编程，说明路径规划要点，读者可以根据自己选用的软件实现）。

①加工策略的选择

加工策略的选择，如表 4 所示。

表 4　零件加工策略

序号	加工内容	刀具	加工方法
1	粗铣零件四周	Φ20R0.8 圆鼻铣刀	等高轮廓加工
2	精铣零件四周至尺寸	Φ20R0.8 圆鼻铣刀	曲面区域加工
3	清 R6 圆角	R5 球刀	曲面区域加工

②加工环境的设置

在程序编制前，需要指定各工序的加工坐标系、零件模型、毛坯模型、全局安全平面等信息，如图 33 所示。

图 33　加工环境的设置

③刀具的创建

按照工艺路线中选用的刀具，创建相应类型
的刀具，如图 34 所示。必要时可将刀柄信息一
同创建，检查程序中的干涉情况。

图 34　刀具的创建

④加工工艺参数的设定

可以按工艺路线，创建各工序加工的余量、
切削参数设置等信息，如图 35 所示。

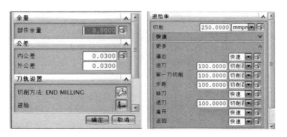

图 35　加工工艺参数的设定

⑤粗铣四周的数控程序创建

在毛坯、零件、刀具及加工工艺参数设定完成后，选择等高轮廓加工策略，设置跟随轮廓的螺旋下刀加工方式，生成针对航天难加工材料产品的高效粗加工轨迹，如图 36 所示。

图 36　粗加工刀具轨迹的创建

⑥精铣四周的数控程序创建

零件四周为直纹面，选择球头刀导致加工效率低，因而选择圆鼻刀插铣加工的刀具轨迹，如图 37 所示。在加工刀具直径相同的情况下，加工效率提高了 3 倍多，并且刀具成本也大大降低。

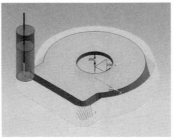

图 37　精加工刀具轨迹的创建

⑦零件的加工过程仿真

在加工刀具轨迹生成后，为了确保加工程序的正确性，可利用仿真功能进行实体加工仿真，如图 38 所示，检查加工过程的干涉和过切，提高数控程序编制的质量。

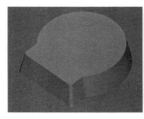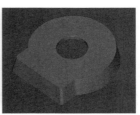

图 38　零件的加工过程仿真结果

4. 学习要点

通过学习盘类零件高效铣削加工案例，掌握难加工材料的高效加工路径规划方法，掌握盘类零件铣削相关的工艺知识及方法，能够根据零件特点正确地选择刀具、合理地选用切削参数及装夹方式，掌握盘类零件铣削的精度控制方法。从事数控铣加工人员可参照上述案例，根据产品结构特点来合理设计加工方案，利用 CAM 软件能够完成 2.5 轴 ~5 轴的盘类零件加工程序编制工作；结合难加工材料的特性，规划产品加工最优路径；能够控制机床完成盘类零件结构加工，并达到相应的尺寸公差、形位公差及表面粗糙度等要求。

第四讲

半圆弧类零件五轴铣削加工方法与诀窍

一、半圆弧类零件高效铣削概述

半圆弧类零件在航空航天制造领域较为常见，采用传统铣削方式加工该类零件时经常出现以下问题。

（1）当零件采用铣削加工时，零件毛坯材料去除量多，零件圆弧表面加工过程中存在残脊高度，导致表面质量难以保证，同时尺寸公差也难以得到保证。

（2）当零件采用铣削加工时，半弧面零件的弧面轮廓的铣削效率较低，零件的生产周期长，加工费用也较高。

针对传统半弧面零件铣削加工中存在的零件毛坯去除量大、加工效率低、表面加工质量不足的缺陷，本讲将针对半圆弧类零件数控铣削加工中一些常见工艺问题以及数控加工方法进行阐述。

二、半圆弧类零件高效铣削案例

1.案例描述

天线口盖零件是航天产品上常见的零件之一。它的外表面是圆锥面，四周安装孔均与外表面中心线呈一定夹角，四周侧面为直纹面。零件结构决定了采用三轴数控设备无法完成整个零件加工，外表面、安装孔与四周侧面的加工需要五轴设备才能完成。零件三维模型如图39所示。

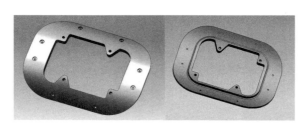

图39　零件三维模型

2.案例分析

（1）由三维模型可知，此零件内外表面均为圆锥面，四周侧面为直纹面，利用传统方式难以对其进行装夹固定；零件结构中有外圆锥面、内阶梯圆锥面及角度孔等结构。

（2）零件属于半圆弧结构，为便于加工编程及装夹固定，首先应加工出工件外圆锥面结构轮廓，再分别加工内腔和四周轮廓及角度孔两部分结构；外圆锥面加工工序完成后，翻面利用仿形工装固定及定位，分步加工内阶梯圆锥面。此时，应注意对已加工表面的保护及与所用刀具对应的合理切削参数的选择。

3. 案例实施

（1）零件模型分析

该零件模型造型组成特征较为简单，由圆弧面、拉伸特征和孔特征组成，因此不用考虑模型补面、精度修复等问题。考虑到此零件没有合适的装夹位置，在零件加工编程路线设计时需从全局考虑零件的毛坯形状、编程零点。零件上的孔为空间复合孔，四周侧面为空间复合面，这些特征均须在五轴联动机床上才能完成。为了便于粗、精加工基准统一及编程零点确定，选择零件最左端对称中心点为编程零点较为合理。

（2）零件加工部位分析

根据零件的结构特点，将零件划分为 7 个加工部位：

①加工部位 1 为外圆锥面，如图 40 所示。外圆锥面粗加工可选择 $\Phi10$ 立铣刀，选用等高粗加工策略加工；外圆锥面精加工可选择 $R8$ 球刀，利用曲面区域加工策略加工，也可选择 $\Phi16$ 立铣刀，利用五轴加工策略加工，后者可充分发挥五轴加工优势，加工步距可提高 2~3 倍，从而提高零件的加工效率。

②加工部位 2 是天线口盖的窗口，如图 41 所示。窗口四周面在高度方面有变化。窗口部分的粗加工可选择 $\Phi10$ 立铣刀，利用型腔铣或平面铣加工策略加工，精加工可选择 $\Phi6$ 立铣刀，利

用三维轮廓铣清根加工策略加工。

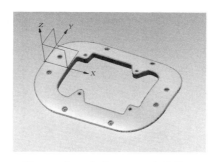

图 40　加工部位 1——外圆锥面

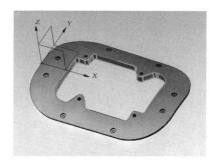

图 41　加工部位 2——天线口盖窗口

　　③加工部位 3 是天线口盖的四周侧面，如图 42 所示。四周侧面由一组空间复合角的直纹面构

成。粗加工可选择 Φ10 立铣刀，利用等高铣加工策略进行加工；精加工可选择 Φ12 立铣刀，利用五轴侧刃铣策略加工。

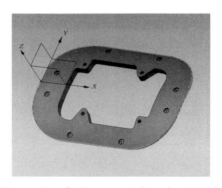

图 42　加工部位 3——天线口盖四周侧面

④加工部位 4 是天线口盖上的安装孔，如图 43 所示。安装孔轴线与基准坐标系轴线在两个方向上呈一定夹角。安装孔可选择五轴点位孔加工策略加工；台阶孔可选择与台阶孔直径一样的键铣刀，选用与同组孔一样的加工策略加工。

⑤加工部位 5 为天线口盖的内圆锥面，如图

44 所示。内圆锥面的粗加工可选择 $\Phi10$ 立铣刀，利用等高粗加工策略加工；精加工圆锥面可选择 $R8$ 球刀，利用曲面区域加工策略加工，也可选择

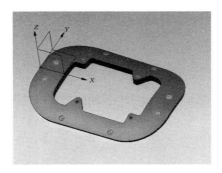

图 43　加工部位 4——天线口盖安装孔

图 44　加工部位 5——天线口盖内圆锥面

Φ16立铣刀，利用五轴加工策略加工，后者可充分体现五轴加工优势，加工步距可提高2~3倍。

⑥加工部位6为天线口盖的内圆锥环面，如图45所示。内圆锥环面的粗加工可选择Φ10立铣刀，利用等高粗加工策略加工；精加工圆锥面可选择R2球刀，利用流线加工策略加工。

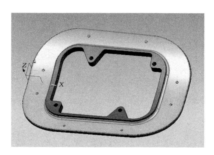

图45　加工部位6——天线口盖内圆锥环面

⑦加工部位7是天线口盖的配合面，如图46所示。配合面由一组空间复合角的直纹面组成，但其底部有R2圆角。因此，精加工可选择R2球头铣刀，利用五轴侧刃铣加工策略加工。

图46 加工部位7——天线口盖配合面

通过对天线口盖各加工部位分析，我们可以清楚地区分各加工部位所需要的加工刀具，同时也为我们合理安排工艺方案奠定了基础。

（3）工艺方案确定

天线口盖是小批量试制产品，根据生产特点和对加工部位的分析，制定的工艺方案如下：

①粗加工

粗加工天线口盖正反面，去除四周、内壁大部分余量，同时还应考虑精加工时的装夹部位，为精加工预留一些辅助装夹基准。

②精加工

精加工天线口盖内、外圆锥面及其他加工内容，在保证质量的前提下，充分发挥五轴机床加工优势，通过平底刀完成内、外圆锥面的精加工，可以大幅提高加工效率。

（4）零件编程前的准备过程

①加工毛坯的确定

毛坯尺寸的确定除了要依据加工余量，还应结合其加工工艺方案，利用 CAM 软件中提供的自动生成毛坯功能，依据零件三维模型来确定毛坯尺寸，如图 47 所示。

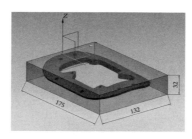

图 47　天线口盖毛坯尺寸　单位：mm

②数控机床选择

天线口盖零件的体积小，材料为有色金属，适合高速铣削，本案例选择摆头＋转台式五轴联动加工中心完成零件加工。加工中心主轴转速最高可达 24000 r/min，加工范围：X 轴 1350mm，Y 轴 1150mm，Z 轴 750mm。A 轴摆动范围：$+15°\sim$ $-120°$，回转轴 $n\times 360°$，回转工作台 C 轴回转速度可达 40r/min，最大可攻 M24 螺纹孔。

③装夹方案及夹具选择

由于天线口盖零件在加工中没有合适的定位基准及夹紧面等问题，需要在工序中设计工艺夹头，方便零件装夹。天线口盖毛坯为长方体，在内圆锥面粗加工中选择底面定位，采用精密平口钳夹持，如图 48 所示，为精加工留出必要的工艺夹头。在精加工中选择外圆锥面和面上孔定位，工装的确定可依据零件三维模型设计，如图 49 所示，通过中间倒压板，一次装夹，完成内圆锥面的精加工内容。

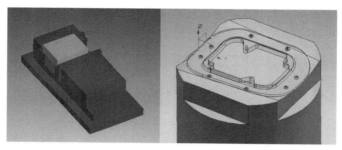

图 48 粗加工装夹方案   图 49 精加工装夹方案

④零件的加工路线设计

通过对天线口盖零件模型的分析及制定的工艺方案，将其加工工艺路线分成若干加工工序，每道工序根据加工部位不同，又划分为许多加工工步。每个加工工步就是在 CAM 软件中对应的一个操作。加工工序中工步顺序的安排、走刀路线的设计，是数控程序编制的重要工作，对零件的加工质量和加工效率起着至关重要的作用。天线口盖数控加工工艺路线如表 5 所示。

表 5　天线口盖数控加工工艺路线

序号	加工部位	加工方法	程序组	刀具名称
1	粗铣内外轮廓	轮廓分层铣	1_CUXI_N	T1
2	粗铣外锥面	等高粗加工	2_CUXI_W	T2
3	粗铣内圆环面	等高粗加工	6_CUXI_NEIH	T2
4	精铣外锥面	可变轴铣	3_JINXI_N	T1
5	精铣四周	可变轴轮廓铣	4_JINXI_SIZHOU	T2
6	钻锥面孔	五轴钻孔加工	5_ZHUAN_HOLE	T3、6-8
7	精铣内圆环面	流线精加工	7_JINXI_NEIH	T4
8	精铣内锥配合面	可变轴轮廓铣	8_JINXI_NEIZ	T5
9	去内锥工艺夹头	轮廓分层铣	9_QUNEI_Z	T1
10	精铣内锥面	曲面区域铣	10_JINXI_N	T1、9

⑤刀具选择和切削参数选择

经过数控加工工艺分析和加工部位划分工作，只能初步确定刀具的种类。由于数控加工所用的刀具和切削参数会直接影响零件数控加工的质量和生产效率，所以，刀具和切削参数的选择应按以下步骤进行。

a.初步确定所需要的刀具；

b.选择适合加工工艺的铣削方式；

c.确定刀柄类型、刀具直径、刀具形式、刀具材料；

d.确定刀具的切削参数，并融入编程过程中。

按照上述步骤，天线口盖数控加工过程所用刀具及切削参数如表6所示。

表6　刀具、切削参数的选择

刀具号	刀具名称	加工部位	主轴转速（r/min）
T1	MILL16	加工部位1、6	S6000
T2	MILL10	加工部位2、3、4	S8000
T3	ZHONGXINZUAN	加工部位5	S3000
T4	BALL_MILL6	精加工部位3	S12000
T5	BALL_MILL4	精加工部位7	S14000
T6	SPOTFACING_TOOL_6	加工部位5	S800
T7	DRILLING_TOOL_2.4	加工部位5	S2000
T8	DRILLING_TOOL_4	加工部位5	S1600
T9	MILL6	精加工部位2	S10000

（5）数控加工程序编制

数控加工程序编制就是把零件的加工路线设计中的各个工序分解成若干的加工工步，利用CAM软件提供的各种加工策略，将各工步内容转化成对应操作的过程。

①程序编制前的辅助工作

对于复杂零件的数控程序编制，在程序编制前，需要确定编程中涉及的必要信息，包括加工对象、加工刀具、刀轨路线。加工对象主要用于定义零件几何体、毛坯几何体、检查几何体、编程坐标系；加工刀具主要用于确定加工各部位所用的刀具规格；刀轨路线主要用于规划各加工部位的次序。

a. 设置加工环境，包括各工序中的加工坐标系、零件、毛坯、安全高度等信息，如图50所示。

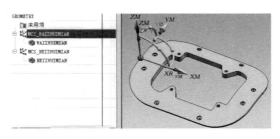

图 50　设置加工环境

　　b. 根据数控加工工艺路线，创建各工序程序组，如图 51 所示。创建程序组用于组织各加工操作和排列各操作在程序中的次序。合理地将各操作组成几个程序组，方便后续处理中根据程序组的顺序输出多个操作。

图 51　创建各工序程序组

c. 创建加工刀具。按工艺路线中所使用的刀具，通过模板或刀具库创建加工刀具，如图 52 所示。

图 52　创建加工刀具

d. 设置公共工艺参数，包括粗加工余量、精加工余量、切削参数，如图 53 所示。

图 53　设置公共工艺参数

②程序创建过程

在毛坯、机床、夹具、刀具及零件加工工艺路线确定后，我们利用 CAM 软件提供的各种加工特征的加工策略，结合实践经验，完成各工序程序编制。

a. 粗铣内外轮廓。

根据零件三维模型，创建工序模型。粗铣内外轮廓采用轮廓分层铣加工方法，深度方向分层加工，四周留余量 2mm。粗铣内外轮廓的刀具轨迹如图 54 所示。

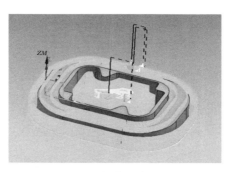

图 54　粗铣内外轮廓刀具轨迹

b. 粗铣外锥面。

选择设置本工序的加工毛坯，并选取毛坯最外侧轮廓作为修剪边界，以减少层之间的空刀轨迹。选择等高粗加工方法，底面留余量 1 mm。粗铣外锥面的刀具轨迹如图 55 所示。

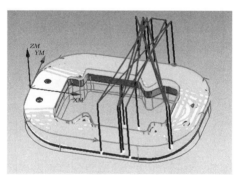

图 55 粗铣外锥面刀具轨迹

c. 精铣外锥面。

外锥面在三轴设备上需用球刀插补完成，球刀球心的切削速度为零，切削锥面的质量不高，加工步距也受球刀半径大小影响。而在五轴设备上加工，采用可变轴加工方法，如图 56 所示。利用平底刀，通过保持刀轴指向锥面，完成锥面精加工，切削效果良好，加工质量和加工效率也大幅提高，充分展示出五轴加工的优势。平底刀加工外锥面刀具轨迹如图 57 所示。

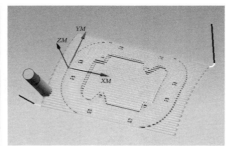

图 56　可变轴加工　　图 57　平底刀加工外锥面刀具轨迹
方法

　　d. 精铣四周。

　　四周加工采用可变轴轮廓铣方法，如图 58 所示。利用立铣刀侧刃完成铣加工，刀轴选择侧刃驱动方式。其生成加工刀轨如图 59 所示。

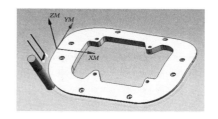

图 58　可变轴轮廓铣　　　　图 59　精铣四周刀具轨迹

e. 钻锥面孔。

安装孔轴线与基准坐标系轴线在两个方向上呈一定夹角。安装孔选择五轴钻孔加工操作方法，如图 60 所示。刀具轴控制可选择垂直于工件表面的方式，台阶孔加工采取与同组孔一样的加工策略完成加工。钻锥面孔的刀具轨迹如图 61 所示。

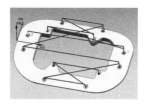

图 60　五轴钻孔加工操作方法　　图 61　钻锥面孔刀具轨迹

f. 粗铣内圆环面。

将零件反面装夹，选择作为本工序的加工毛坯，并选取内圆环面内轮廓作为修剪边界，通过指定加工切削区域，减少层之间的空刀轨迹，如图 62 所示。选择等高粗加工方法，底面留余量 0.5mm。粗铣内圆环面刀具轨迹如图 63 所示。

 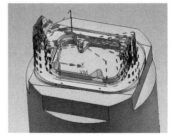

图 62　指定切削区域图　　图 63　粗铣内圆环面刀具轨迹

g. 精铣内圆环面。

内圆环面采用流线加工方法，在生成加工刀轨前需要做简单的工序加工模型编辑。提取内圆环面并去除面上加工孔，如图 64 所示。选择内

外轮廓作为流曲线，并选择螺旋线切削模式，其
生成刀轨如图 65 所示。

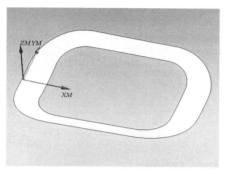

图 64　工序加工模型编辑

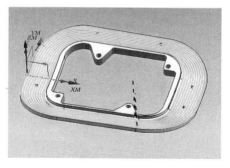

图 65　精铣内圆环面刀具轨迹

h. 精铣内锥配合面。

采用可变轴轮廓铣方法，利用球头刀侧刃完成铣加工，刀轴选择侧刃驱动，其生成加工刀轨如图 66 所示。

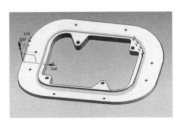

图 66　精铣内锥配合面刀具轨迹

i. 去内锥工艺夹头。

在内锥外环面加工到位后，用螺钉压紧工件外侧，采用轮廓分层铣加工方法，粗加工内锥工艺夹头，其生成刀轨如图 67 所示。

j. 精铣内锥面。

内锥面同外锥面一样，如果在三轴设备上需用球刀插补完成，但在五轴设备上加工，则可用

图 67　去内锥工艺夹头刀具轨迹

刀具轴侧倾一定角度，根据刀具直径来限定刀具倾斜角度，避免产生系统误差，如图 68 所示。利用平底刀完成锥面精加工，加工质量和加工效率大幅提高，也充分展示出五轴加工的优势，其生成刀具轨迹如图 69 所示。

图 68　指定刀轴侧倾角　　图 69　精铣内锥面刀具轨迹

（6）五轴加工程序生成

后置处理是数控自动编程加工中一个重要的环节。其主要任务是将 CAM 软件生成的加工刀位轨迹源文件转换成特定机床可识别的数控代码文件，由 CAM 软件编制的刀具轨迹源文件必须通过专门的后置处理程序处理，即所谓的后置处理生成器进行格式转换，才能转变成五轴机床上正确运行的数控程序。生成数控程序代码如图 70 所示。

图 70　数控程序代码

（7）数控加工程序仿真验证

启动仿真软件，选择相应的数控仿真机床模型，如图 71 所示，然后对数控程序编制中所涉及的刀具信息、毛坯、零件进行定义。此外，还要对数控程序加工坐标系、刀具长度及半径补偿等信息进行设定。零件数控加工程序仿真结果如图 72 所示。

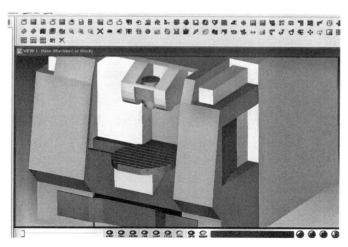

图 71　机床仿真环境

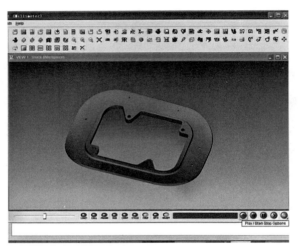

图 72　零件数控加工程序仿真结果

目前，数控加工仿真技术已经成为零件数控加工研制过程中必不可少的环节。尤其对于航天复杂结构件来说，其材料昂贵、结构复杂，大量采用高速切削，相关设备费用极高。确保加工过程中刀具轨迹、切削参数的正确性、合理性，杜绝大余量切削、碰撞干涉、超程等意外错误，对于零件数控铣加工质量至关重要。

4.学习要点

通过学习半圆弧类零件五轴铣削加工案例，掌握半圆弧类零件铣削相关的工艺知识及方法，能够根据零件特点正确地选择刀具、合理地选用切削参数及装夹方式，掌握半圆弧类零件铣削相关的编程指令与方法，掌握半圆弧类零件铣削的精度控制方法。从事数控铣加工人员可参照上述案例，掌握半圆弧类零件铣削的基本工艺及编程能力；根据半圆弧类零件结构特点合理地设计加工方案，编制加工程序；能够指导使用五轴机床完成半圆弧类零件结构加工，并达到相应的尺寸公差、形位公差及表面粗糙度等要求。

第五讲

超细长类零件高效铣削加工方法与诀窍

一、超细长类零件高效铣削概述

超细长类零件在航空航天领域被大量运用，通常具备较高的结构支撑与承载力。但是，该类零件由于结构特殊，在传统铣削加工过程中存在较多难点。

由于超细长杆本身的长径比较大、抗弯能力较差，受自身重力作用发生弯曲，容易在加工过程中因缺少支撑发生变形。另外，超细长类零件在加工过程中由于去除较大余量而造成的内应力分布不均，也会导致零件发生变形。

针对超细长类零件铣削加工中存在的问题，本讲通过案例讲解对数控铣削加工中一些常见的工艺问题及数控加工方法进行阐述。

二、超细长类零件高效铣削案例

1. 案例描述

导轨作为飞行器弹射的滑行轨道，加工过程

中有如下几种工艺难点：

（1）零件属于超细长结构件，不易装夹找正，中间竖筋上有较多减轻孔，刚性差，加工易变形，尺寸精度不易保证。

（2）采用小圆弧逼近法加工圆弧面时刀具轨迹多，机器加工完还需大量的人工打磨时间，效率低、表面质量差。

（3）五轴刀具轨迹需要借助软件自动生成，现有软件中无相应的加工模块，操作步骤烦琐，修改困难。

2. 案例分析

（1）导轨为挤压铝合金型材，截面形状为"工"字形结构。如图 73 所示，导轨安装面上固定孔的孔距公差为 ±0.05mm，滑行面是 $R317 \pm 0.1$mm 的大圆弧面，宽度为 160 ± 0.1mm，尺寸精度较高，导轨与箱体之间的安装间隙为 4mm。

（2）零件毛坯属于对称结构，采用热挤压方式一次成型，避免机加工过程中因去除较大余量，造成内应力分布不均引起毛坯变形。导轨加工前需对减轻槽进行预钻孔，去除较大毛坯量，采用从中间往两端钻孔去量的方式，能有效均匀地释放应力，控制毛坯的变形。

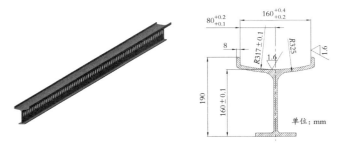

图73　长导轨外形图

3.案例实施

（1）加工案例工艺确定

三轴数控龙门铣床加工时刀具种类多、走刀次数多，而且通过曲线拟合加工的圆弧表面质量

不高，因此本方案采用五轴数控龙门铣床加工，
分为粗、半精、精加工，工步间松开装夹以释放
应力，减小变形。工艺流程如图 74 所示。

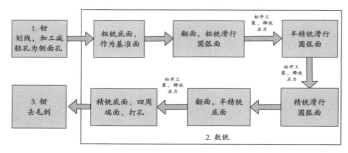

图 74　零件加工工艺流程

（2）针对不同的加工特征及工序，采用不同
的柔性支撑装夹找正方法

①粗加工底面

采取下压—侧顶的装夹方式，用压板压紧圆
弧面内侧面，用关节螺栓从两侧顶紧中间竖筋，
每两个装夹点间隔 450mm，如图 75 所示。找正
钳工划线后进行加工。

图 75 安装面粗加工装夹定位示意图

②加工滑行圆弧面

为防止颤刀出现鱼鳞纹，采取了下压—侧顶—上顶的装夹方式，用压板压紧底面（安装面），用关节螺栓从两侧顶紧中间竖筋，用关节螺栓从两侧上顶内侧圆弧面，每两个装夹点间隔450mm，如图 76 所示。找正钳工划线后进行加工。

以加工过的滑行面侧面拉直导轨滑行面在0.05mm 以内，依次对滑行圆弧面进行半精加工和精加工，工步间松开装夹以释放应力。

图 76 圆弧面加工装夹定位示意图

③半精、精加工安装面

翻面，导轨安装面朝上，用 15 个尺寸一致性较高的定位块定位滑行圆弧槽，定位块与滑行圆弧槽紧密配合，以提高装夹找正效率，避免大型零件装夹固定方式复杂造成费时费力。按粗加工过的平面找正导轨水平，同样采取下压—侧顶的装夹方式固定，用压板压紧下侧圆弧面，用螺栓辅助支撑立筋侧面，每两个装夹点间隔 450mm，半精、精加工导轨安装面底面、两侧面和端面。

（3）设计专用大圆弧加工刀具

大圆弧面加工刀具包括粗加工刀具和半精／精加工刀具。加工刀具需要考虑既不能产生过切，又可以提高切削效率和表面质量。通过计算，粗加工刀具的直径确定为 40mm，底刃半径为 R78mm，设计为两齿，刀具材料为高速钢，可以提高刀具的强度，利于大进给、大吃刀量加工，粗加工需主轴摆角 10 次，如图 77 所示。

图 77　粗加工仿形圆弧刀具

针对半精／精加工，设计了一种大圆弧高效加工刀具，包括刀体和 6 片镶嵌刀片，刀体直径 Φ50mm，底刃半径与导轨圆弧面尺寸一致，具有内冷功能，并设置了动平衡机构，如图 78 所示。它可以实现高速切削，减小加工过程中的振动，提高加工表面光洁度，主轴摆角 5 次即可完成加工。

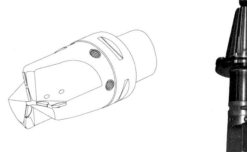

图 78　半精／精加工成型圆弧刀具

（4）数控程序编制方案

建立大圆弧计算机辅助制造模型，规划数

控加工刀具轨迹，对刀轴矢量和刀位点进行设计和计算，解决了插补法加工切削效率低、切削表面质量差的问题。编制宏程序，提升算法运行效率，避免 CAM 软件编程造成的检查及修改困难等问题。选用合理的切削参数，切削深度 0.5~1mm，主轴转速 2800~3200r/min，进给速度 1200~1500mm/min。

（5）加工产品实物

如图 79 所示。

图 79　超细长导轨实物图

（6）工艺亮点及效果

①提出了超细长大圆弧面导轨的完整加工工艺，针对不同加工特征、工序，采取了柔性支撑和定位块的装夹定位方式，减少了零件装夹变形。

②设计了专用圆弧加工刀具，极大地提高了加工效率。

③设计了五轴刀具轴矢量和刀位点的计算方法，提高了曲面加工精度。

4. 学习要点

通过学习超细长类零件高效铣削加工案例，自主分析超细长杆类零件的结构特点和加工难点，如刚性差、易变形等；学习针对超细长杆类零件的五轴数控加工策略，如选择合适的切削参数、刀具路径规划等；掌握五轴数控加工的编程技巧，包括工件形状、尺寸和材料的考虑，以及加工路径的合理性和安全性；制定超细长杆类零件的五轴数控加工工艺规划，包括工件的装夹方式、工艺路线的合理规划、刀具及切削方式的选择等。在学习过程中，建议结合理论学习和实践操作，通过加工实例来加深对超细长杆类零件五轴数控加工技术的理解和掌握。

后　记

随着制造业的飞速发展，五轴数控加工技术已成为现代机械加工领域中不可或缺的一部分。本书旨在为读者深入解析五轴数控加工工艺与技巧，以助同业者更好地理解和掌握五轴数控加工前沿技术。

在撰写本书的过程中，我们深刻体会到五轴数控加工技术的复杂性和挑战性。它不仅要求操作者具备扎实的机械加工理论基础，更需要具备丰富的实践经验与持续学习的能力。因此，书中不仅详细介绍了五轴数控加工的基本理论和工艺流程，还详细阐述了盘类、半圆弧类和超细长类典型零件的实际案例和加工技巧，力求让同业者能够更好地理解和掌握这一技术。

同时，本书存在相应的局限性。五轴数控加工技术是一个不断发展和变化的领域，新的技术和工艺不断涌现，来替换旧的技术、工艺。因此，本书虽然力求全面性和深入性，但只能尽力在横纵方向研究上取得平衡状态。我们鼓励读者在阅读本书的同时，保持对新技术和新工艺的关注和学习，不断提升自己的专业素养和技能水平。

曹彦生

2024 年 9 月

图书在版编目（CIP）数据

曹彦生工作法：航天结构件数控铣削加工工艺 / 曹彦生著. -- 北京：中国工人出版社，2024.9. -- ISBN 978-7-5008-8519-1

Ⅰ. TG547

中国国家版本馆CIP数据核字第2024R905E9号

曹彦生工作法：航天结构件数控铣削加工工艺

出　版　人　　董　宽

责　任　编　辑　　刘广涛

责　任　校　对　　张　彦

责　任　印　制　　栾征宇

出　版　发　行　　中国工人出版社

地　　　　址　　北京市东城区鼓楼外大街45号　邮编：100120

网　　　　址　　http://www.wp-china.com

电　　　　话　　（010）62005043（总编室）

　　　　　　　　（010）62005039（印制管理中心）

　　　　　　　　（010）62379038（职工教育编辑室）

发　行　热　线　　（010）82029051　62383056

经　　　销　　各地书店

印　　　刷　　北京市密东印刷有限公司

开　　　本　　787毫米×1092毫米　1/32

印　　　张　　3.875

字　　　数　　47千字

版　　　次　　2024年12月第1版　2024年12月第1次印刷

定　　　价　　28.00元

优秀技术工人百工百法丛书

第一辑　机械冶金建材卷

优秀技术工人百工百法丛书

第二辑 海员建设卷

优秀技术工人百工百法丛书

第三辑 能源化学地质卷

100 ARTISANS AND 100 TECHNIQUES SERIES

陈可营工作法

海洋油气生产绿色数智化设计与应用

100 ARTISANS AND 100 TECHNIQUES SERIES

程平工作法

钴基60硬质合金真空水冷堆焊

100 ARTISANS AND 100 TECHNIQUES SERIES

丁正江工作法

焦家式金矿预测勘查

100 ARTISANS AND 100 TECHNIQUES SERIES

华伶利工作法

松散地层钻进取心

100 ARTISANS AND 100 TECHNIQUES SERIES

黄兆亮工作法

航改型燃气轮机蜂窝封严钎焊修复

100 ARTISANS AND 100 TECHNIQUES SERIES

琚永安工作法

架空地线复合光缆的电动旋切

100 ARTISANS AND 100 TECHNIQUES SERIES

李辉工作法

用试验电压检测变电站一、二次设备交流回路整体组合工况

100 ARTISANS AND 100 TECHNIQUES SERIES

李祖锋工作法

抽水蓄能电站控制测量方案优化

100 ARTISANS AND 100 TECHNIQUES SERIES

刘清工作法

煤矿无人化智能开采控制系统

100 ARTISANS AND 100 TECHNIQUES SERIES

毛玉泉工作法

贵细中药材鉴别应用

100 ARTISANS AND 100 TECHNIQUES SERIES

齐名工作法

应用STC单片机

100 ARTISANS AND 100 TECHNIQUES SERIES

秦钦工作法

矿井安全监控设备辅助安装及故障分析处理

100 ARTISANS AND 100
TECHNIQUES SERIES

孙同根
工作法
S Zorb装置
优化

100 ARTISANS AND 100
TECHNIQUES SERIES

王月鹏
工作法
基于绝缘平台的
绝缘杆作业法

100 ARTISANS AND 100
TECHNIQUES SERIES

王跃
工作法
滴定分析的
判断与控制

100 ARTISANS AND 100
TECHNIQUES SERIES

杨新海
工作法
车载移动测量技术
在实景三维成果
质量检验中的应用

100 ARTISANS AND 100
TECHNIQUES SERIES

杨义兴
工作法
油田修井现场
清洁生产
技术应用

100 ARTISANS AND 100
TECHNIQUES SERIES

游弋
工作法
煤矿供电系统
防爆电
设计与应用

100 ARTISANS AND 100
TECHNIQUES SERIES

余姝
工作法
高陡峡谷区
地质灾害调勘查